AF310057

L. DAVID

Instituteur
Officier d'Académie
Lauréat de la Ligue de l'Enseignement
Membre correspondant de la Société Académique
de Guyenne et Gascogne

VOYAGE AU CANADA

Raconté au jour le jour

d'après les impressions reçues

ANGOULÊME

IMPRIMERIE OUVRIÈRE

18. rue d'Aguesseau. 18

1912

L. DAVID

Instituteur
Officier d'Académie
Lauréat de la Ligue de l'Enseignement
Membre correspondant de la Société Académique
de Guyenne et Gascogne

VOYAGE AU CANADA

Raconté au jour le jour

d'après les impressions reçues

ANGOULÊME

IMPRIMERIE OUVRIÈRE

18. rue d'Aguesseau, 18

1912

VOYAGE AU CANADA

Raconté au jour le jour d'après les impressions reçues

Le lundi 30 mars 1908, je pars des Moutiers-sur-le-Lay (Vendée), par Fontenay-le-Comte et Niort ; j'arrive à Paris à 6 heures et demie du soir. Après quelques affaires d'intérêt réglées dans cette ville, je me rends à Londres où je couche à l'hôtel *Wilton* le 31. Le 1er avril, je suis reparti à midi pour arriver à Liverpool à 4 heures ; je suis descendu à l'hôtel *North Western*. Le 2, je pris le *Tunisian* à 10 heures. J'ai vu alors le *Lusitania*, un des plus grands navires du monde. Je suis parti à 5 heures, j'ai mal dormi dans la cabine 112, lit 3 ; trois Anglais couchent dans la même chambrette. A bord, un Suisse m'a rendu service ; grâce à ses conseils, j'ai remis mon argent et mes titres au « Payeur » contre reçu. J'ai trouvé un Canadien, un prêtre, parlant français, anglais, allemand ; il est très aimable et j'ai pu recourir plusieurs fois à son obligeance pour me faire comprendre au milieu de gens qui parlent peu ou prou le français.

Le 3, le vent est fort, le tangage et·le roulis me font tourner la tête.

Le 4, j'ai trouvé un Belge retournant au Canada, il est très aimable, nous avons beaucoup causé. J'ai parlé aussi à 4 Piémontais et à un Français qui retourne au Canada, M. Taillandier, du Loir-et-Cher. La mer est moins houleuse que hier et il ne fait pas froid. Je ne bois que du lait et du café.

Le dimanche 5, la houle est forte, le tangage est énorme : 10 à 12 mètres, je me tiens à peine sur le pont des passagers de 2ᵉ classe.

Le lundi 6, la mer est très houleuse : 15 à 18 mètres, cela me plaît parce que je reste seul sur le pont. Il y a 243 passagers de 1ʳᵉ classe, 183 de 2ᵒ et 1026 de 3ᵒ, en tout 1452 et 166 personnes de l'équipage. Entre Liverpool et Halifax, il y a 2665 milles ou 1852×2665 = 4935 kilomètres 180.

Le mercredi 8, la mer est houleuse ; le vent est froid ; j'ai vu le *Lusitania* passer à 4 ou 5 milles de nous, allant de Liverpool à New-York en 4 jours et demi. Il porte 3.000 passagers et marche à 25 nœuds à l'heure.

Le jeudi 9, le roulis est énorme, la mer est plus mauvaise qu'elle n'avait été encore.

Le vendredi 10, il fait grand froid ; de la glace est sur le pont ; nous arrivons à Halifax à 10 heures et demie ; nous avons pu sortir du bateau à 4 heures. Le *Tunisian* est vide et se dresse majestueux dans le principal bassin du port.
Halifax est une ville sale ; le restaurant du port est tout à fait malpropre ; chez l'épicier, on me vend cher les provisions qu'il me faut emporter pour manger dans le train « *Canadian Pacific* » où je grimpe à 7 heures pour ne partir qu'à 10 heures du soir.

Le samedi 11, je suis le train ; la terre est couverte de neige, les cours d'eau sont gelés ; je suis passé à *Saint-John* à 8 heures du matin ; le brouillard est épais ; l'air est vicié, il pue ; je suis dans un wagon où personne ne parle français ; j'ai déjeuné des produits achetés au débarcadère. Le train va vite ; il est plus confortable que ceux de France.

Nous arrivons à Montréal le dimanche 12 à une heure et demie du matin. Je me suis rendu chez M. le docteur V..., 914 rue Saint-Denis ; m'a bien reçu ; m'a retenu à déjeuner ; m'a donné beaucoup de conseils trop long à rappeler. Le soir, je trouvai un logement 707, rue Saint-Laurent, chez Mlle Bailly, une parisienne, arrière-petite-nièce de Simon Bailly, le premier maire de Paris, mort sur l'échafaud à la Révolution, née en 1860, vivant en Amérique depuis plus de 40 ans ; son père et sa mère sont morts à 8 jours d'intervalle au mois de janvier dernier. Son père s'occupait de taxidermie (peau) et d'ostéologie (os) au collège libre anglais *Mac Gill* ; il était officier d'académie.

Le même jour, j'ai confié mon capital à la Banque d'épargne de la cité et du district de Montréal, 946 rue Saint-Denis.

Le mardi 14, je suis allé donner mon identité au Consulat et avec M. le docteur V... je fis plusieurs visites, entre autres à l'hôpital Saint-Louis.

Le mercredi 15, j'ai vu M. de Crèvecœur, directeur de l'institut Fraizeur, 259 rue Dorchester ouest ; il m'a bien reçu. J'appris dans ma journée : Le Canada est une colonie anglaise, a pour gouverneur Lord Grey et pour premier ministre Laurier. Le Parlement siège à Ottawa qui n'a d'importance que parce que c'est le siège du gouvernement. Montréal est la plus grande ville : 450.000 habitants. Le divorce est interdit dans ce pays d'une façon absolue pour les catholiques ; les protestants peuvent l'obtenir par une loi spéciale du Parlement ; à cette discussion, tous les députés catholiques quittent la salle.

Le clergé est absolument le maître ; il commande partout ; il passe pour avoir rendu grand service au peuple canadien et il est craint et respecté ; cependant, là comme ailleurs, on commence à se plaindre de le voir abuser de son autorité.

Un enterrement ordinaire coûte environ 400 francs. Pendant l'hiver, à Montréal, on conserve les cercueils dans un charnier et la mise en terre n'a lieu qu'après la fonte des neiges.

La ville est remplie de filles qui se prostituent ; il n'y a pas de maisons publiques reconnues, mais la prostitution n'en est que plus grande dans toutes les classes de la société et les cas de maladies vénériennes abondent.

En général, la propreté laisse à désirer ; les femmes sont paresseuses et aiment la toilette ; les hommes et les femmes boivent de l'eau-de-vie de pommes de terre, de maïs, d'orge ; ils sont alcooliques sur une grande échelle ; ils ne sont pas charitables ; il ne s'occupent pas du voisin ; ils ne lui viendraient pas en aide.

On se défie du Français immigrant ; à lui de ne pas confier ses affaires ; on l'exploite ; on l'appelle « *mauvais França* ».

Les prêtres n'ont pas de rabat. Ils sont coiffés de différentes manières : chapeaux de tout genre, casquettes ; ils portent la barbe ou sont complètement rasés ; les frères y enseignent dans la plupart des écoles ; les prêtres ont, du reste, la haute direction de l'enseignement.

Le Canadien parle mal le français : le patois de Louis XIV est sa langue.

Il est cinq heures et il neige à plein temps.

Le 16, M. le docteur m'a conduit à la cour criminelle voir juger un Syrien accusé d'avoir volé 3.500 dollars au palais de justice où il était traducteur. J'ai remarqué les jurés, les avocats de la cour (procureurs), le juge (un seul), l'avocat de la défense. Il n'y a guère de garantie pour l'accusé ; il est vrai qu'il aurait pu s'échapper facilement ; il se défend habilement en français presque pur ; il a été acquitté.

Au Canada, les femmes ont presque toujours raison ; si elles accusent un homme d'être leur séducteur, il faut que ce dernier prouve que la femme a d'autres relations ou sinon il est condamné à donner de l'argent ou une pension alimentaire. Il y a ici l'avocat de paix qui cherche si l'accusé est coupable ; ce dernier va alors devant le juge qui décidera s'il est passible de la cour d'assises ou de la cour criminelle ; la justice est faite vivement : amende ou prison. La peine est toujours applicable à celui qui a tué : la pendaison.

J'ai rendu visite à M. Lavallée, notaire, échevin de la ville.

Le 17, jour du vendredi saint, je suis allé à *Shawinigan-Falls* voir la « Belgo » ou fabrique de pulpe à papier de M. Bierman, un Belge ; il était absent ; je suis arrivé à 8 h. 45 du matin et j'étais parti à 11 h. 30 du soir la veille ; le sous-directeur m'a reçu. Je suis rentré à Montréal le samedi matin à 6 h. 30 ; j'ai changé de train à *Trois-Rivières* où j'ai remarqué les mœurs des femmes du restaurant de la gare, dans la gare même, elles sont anglaises.

Shawinigan est une cité de 2.500 âmes (agglomération) entre des coteaux très pittoresques couverts de neiges glacées que l'on coupe à la hache devant moi..... maisons disséminées, petite chapelle sur la crête d'un mont, plusieurs usines : aluminium, pulpe de papier (bois)) ; l'usine à aluminium est fermée, va rouvrir bientôt. La ligne a été obstruée la semaine précédente par suite d'avalanches : j'ai vu un admirable pays, mais ces sites grandioses avec ces étangs et lacs poissonneux à eaux murmurantes ne font pas vivre.. Les ponts où passent les trains sont en bois : voilà qui effrayerait en France. C'est à cet endroit qu'on va chercher la force motrice pour l'électricité de Montréal (environ 200 kilomètres). Malgré les neiges, la température n'est pas froide. J'ai déjeuné à l'hôtel *Vendôme* où j'ai vu des alcooliques. Aucune femme ne paraît dans les salles.

On parle mal le français et très vite avec des mots anglais francisés : *moué... toué... cri... çà icst tô... un quât...* On appuie beaucoup sur les a. Les Canadiens aiment à dire et à faire des grossièretés ; ils boivent beaucoup d'alcool, *du gin.* Ils roulent très vite sur la neige, en descendant comme en montant sur les traîneaux, les chevaux ne glissent pas : ferrures en conséquence. Partout des maisons en bois. Les femmes paraissent rares, sales, déguenillées à la maison, mais cherchant beaucoup la parure au dehors : bagues, bracelets, nchus, dentelles ; elles sont petites et grosses. Les Canadiens ne sont pas polis, ne disent pas bonjour en entrant et aiment à tutoyer. Ils rappellent les Français du XVII⁰ siècle. Ils craignent beaucoup le prêtre. Ils sont fanatiques.

Le 18, j'ai revu le docteur qui cherche à me retenir au Canada. Il m'offre une maîtresse avec des dollars... Le soir, j'ai assisté à une représentation du cinématographe. Que de monde !

Le 19, jour de Pâques, il mouille à plein temps, je me lève à 10 heures. A midi, le temps s'est éclairci, le soleil a percé la brume et je me suis décidé à sortir. J'ai vu le Saint-Laurent ; il est en partie dégelé à l'ouest, l'eau charrie des glaçons énormes : 3 mètres d'épaisseur, 10 mètres de long. J'ai aperçu l'île Sainte-Hélène. J'ai parcouru une partie de la ville à l'est et au sud. Avenue Papineau, j'ai remarqué beaucoup d'enfants ; j'ai appris que chaque ménage canadien donne de 15 à 24 enfants ; les gens se marient de bonne heure : hommes à 16 ans, femmes à 14 ou 15 ans. Une femme s'est mariée à 13 ans, elle est morte à 17 ans, laissant 5 enfants. Il n'y a pas de loi qui fixe l'âge du mariage.

Les Juives sortent tête nue ou coiffées d'une pèlerine.

Une robe d'ouvrière ordinaire coûte de 40 à 50 francs de façon ; une toilette en soie, pour Pâques, coûte 600 francs ; le chapeau d'une ouvrière de 15 à 25 francs.

La fête de la reine a lieu le 24 mai ; la fête nationale a lieu le 1ᵉʳ juillet, on l'appelle *fête nationale du Dominion du Canada.*

Dans toutes les provinces de l'empire du Canada, il y a un lieutenant général remplaçant le gouverneur général.

Le lait qu'on boit à Montréal est celui de la veille au matin ; il arrive par le train ; on y ajoute de la « *for- maline* », produit allemand, avec de l'eau, pour le conserver.

A Montréal, il y a trois gares : Vindsor, — Bonaventure ou Grand Tronc, — Place Viger. Dans les gares, dans les maisons, il y a des crachoirs en métal peint, imitant la porcelaine.

Le 20, le matin, le temps est beau ; le tantôt, il neige. J'ai revu M. le docteur qui m'a prié de lui faire faire quelques lettres. J'ai vu M. Barthélemy, employé chez le cimentier de la *Longue-Poinic :* tout y va mal... le contre-maître, un Français, M. Bordier, va partir. M. Barthélemy va se rendre dans l'Ouest s'occuper dans les mines. M. Hirtz, pharmacien, Français d'origine, m'a dit que pour réussir au Canada, il faut mettre l'honnêteté de côté.

Une descendante de Jacques Cartier, Victoria Cartier, habite Montréal ; elle a environ 40 ans ; c'est une élève du Conservatoire de Paris où elle est restée trois ans ; c'est une musicienne distinguée qui m'a reçu tout à fait cordialement.

L'orignal ou *mousse* est un animal de la taille du cheval, se vend à la boucherie, excellente viande, se voit dans le *Manitoba* et *l'Alberta*. On mange aussi la viande d'ours qui sert à faire des saucisses délicieuses.

Le 21, il fait grand froid ; avec le docteur, je rends visite à huit personnages de la ville.

Le 22, j'ai vu M. le docteur Gadbois, un échevin de la ville.

Le 23, le docteur m'a donné des lettres à écrire. J'ai visité une synagogue : murs sans décoration, des bancs ; au fond une estrade avec un bureau dessus où se tient le rabbin ; devant lui des lions peints sur le mur avec un voile qui cache une autre peinture. Les hommes sont couverts ; ils mettent sur leurs épaules une espèce de manteau blanc avec des bordures noires ou bleues ; ils paraissent fort religieux ; ils récitent tout haut leurs prières et sortent quand leurs dévotions sont terminées ; ils font beaucoup de bruit ; ils portent à rire. Les femmes sont en haut, dans les tribunes ; on ne les voit pas ; chez les Juifs, les femmes ne comptent guère. A la sortie, ils parlent finance ou commerce.

En ville, j'ai remarqué un monsieur en chapeau haut de forme, accompagnant une dame en robe de soie, se moucher avec ses doigs essuyés à son pardessus.

M. le docteur est vexé de ne pas me voir accepter une femme et partir pour l'Ouest chez son ami M. le docteur T... qui m'offre cent francs par mois, nourri, logé, chauffé et éclairé, pour diriger une de ses exploitations et m'associer avec lui si le cœur m'en dit : à *Red Deer* (Alberta), à 3 jours et 3 nuits de chemins de fer de Montréal ; j'irais à la chasse quand je voudrais.

A mon point de vue, ce que les Canadiens de naissance cherchent : les capitaliste français pour, avec l'argent, donner de l'extension à leur commerce, industrie ou agriculture. Seules les familles de quatre personnes ou plus peuvent très avantageusement aller faire de l'agriculture dans l'ouest (homestead). On peut obtenir là 60 hectares de terre pour moins de vingt francs (frais). Je pourrais renseigner davantage les personnes qui auraient des velléités de s'expatrier au Canada.

J'ai vu des lettres d'instituteurs, de médecins, de savants français, allemands, belges, suisses, etc... qui veulent venir au Canada parce qu'ils ont une fausse idée de ce pays et de ses habitants.

Le 24, j'ai mangé du « *flétan* », poisson de mer frit au beurre : c'est bon.

Les Canadiens ne font pas de toilette pour le mariage qui n'a lieu qu'à l'église : une messes basse en général et aussitôt après les mariés partent en voyage ; il n'y a pas de repas de famille. Les Juifs, au contraire, font beaucoup d'apprêts ; la mariée est toujours en robe de soie blanche, même les plus pauvres.

A Montréal, il y a beaucoup d'unions libres.

A ma pension est arrivée hier une dame Morin, canadienne mariée à un Canadien, architecte, et voici les renseignements recueillis sur leur compte : ils sont alcooliques ; le mari la bat, la vole, vend ses effets pour boire ; il est allé en prison ; elle l'a quitté et a placé ses 2 enfants en pension chez les sœurs ; elle gagne deux dollars par jour comme modiste ; elle porte une robe de soie et d'après sa patronne elle n'aurait pas de chemise ; elle cache une bouteille de gin sous ses jupes et va aux cabinets pour boire ; la nuit, elle boit aussi ; elle doit partout. A la religion, est jointe la débauche la plus grande.

Le 25, il pleut ; les rues sont très sales, mais il y a beaucoup de monde quand même.

Le dimanche 26, il fait beau et chaud. J'ai vu le docteur. Il résulte des observations faites que le Français qui vient au Canada a beaucoup à se défier ; on ne l'aime pas, c'est son or que l'on veut ; il est vrai que la plupart de ceux qui sont venus ont fait tout pour ne pas faire aimer la France moderne ; ce sont d'anciens officiers, des nobles déchus appartenant aux anciens partis royalistes ou réactionnaires ou quelques-uns de noblesse pontificale qui viennent, sous l'apparence de croisés vivre d'une vie plus modeste et plus en harmonie avec leur fortune, tout en pensant trouver chez les Canadiens le régime des seigneurs du moyen-âge avec leurs serfs, mais arrivant en ennemis de la France nouvelle, c'est-à-dire de la France démocratique actuelle, qu'ils se plaisent à présenter comme la dernière des nations, aux Canadiens ignorants, qui forment la grande majorité de ce pays, pour le plus grand bénéfice des exploiteurs du pauvre. Ils apprennent aux Canadiens à haïr la France, en leur distillant des versions mensongères et en la leur présentant comme une puissance athée, démoralisée et en voie de disparition de la surface de la terre alors que tout le contraire existe. Les Canadiens n'ont aucune des qualités qui distinguent la race française : la vertu, l'honnêteté, l'honneur, la morale y sont des mots creux qui s'appliquent à des choses mortes : le duel pour question d'honneur les fait rire ; ils ne voient que l'argent et l'orgueil. Un receveur de la ville qui avait volé 400.000 francs a été condamné à 4 ans de prison ; au bout d'un an, il est sorti de prison, la police a seulement besoin de savoir où il est. Un banquier était parti avec 2.000.000 de francs volés ; arrêté à Dakar, il fut condamné à un an de prison. A leur sortie, ces gens-là sont reçus partout à bras ouverts comme si rien ne tachait leur vie. La complaisance, la bonté, la générosité, la satisfaction du devoir accompli sont inconnues.

Pour que l'immigration réussisse au Canada, il faudrait sur place une organisation particulière ; une injustice serait-elle commise contre un Français, il faudrait la réparer et faire qu'elle ne se renouvelle plus. Mais cette organisation n'existe pas. Le Français, laissé à lui-même, isolé, est exploité, mal vu ; il tombe malade, découragé, ou il retourne en France, ruiné, abattu. Ce qui domine chez les Canadiens, c'est l'argent, l'orgueil, la toilette ; il est peu courageux, peu travailleur ,très religieux, plutôt superstitieux ; il donnera son argent pour une œuvre pieuse, mais non pour une œuvre nationale. L'Anglais, c'est le contraire. La province de Québec est aussi grande que la France et l'Allemagne réunies. Les agents d'immigration n'ont-ils pas trop en vue la prime accordée par le gouvernement ? Cette préoccupation ne les pousse-t-elle pas à trop embellir les choses ? Ce système de l'immigration primée amène du danger pour les immigrants, pour les Canadiens français, pour le gouvernement et la majorité anglaise.

49.000 personnes ont émigré au Canada en 1900-1901 ; 67.000 en 1901-1902 ; 128.000 en 1902-1903 ; 130.000 en 1903-1904 ; 146.000 en 1904-1905.

Au commencement de 1901, la population canadienne était de 5.300.000 habitants.

Des Canadiens émigrent aux Etats-Unis parce qu'ils
y trouvent plus de liberté.

Dans la soirée, je suis monté au Mont Royal par la
rue Saint-Laurent et la rue du Mont Royal ; la montée
est dure ; j'ai mis une heure ; j'arrive à deux petits
anciens cimetières juifs ; on enterre maintenant ces
derniers au *Saut Récollet ;* et enfin à une grande grille
donnant accès au cimetière protestant ou cimetière anglais. C'est pittoresque, des coteaux, des vallées, des arbres comme dans une forêt et enfin des tombes éparses
surmontées d'obélisques et de quelques croix (religion
anglicane). J'arrive au four crématoire encore fermé, le
charnier derrière, une serre à l'ouest. Ma vue s'étend
sans fin vers l'ouest ; le soleil fait briller les toits des
maisons des villes ; j'admire les collines Saint-Bruno,
Saint-Hilaire, Sainte-Agathe. J'ai visité le four crématoire ; il faut 2 h. 30' pour brûler le tout ; le charnier
renferme 602 corps à brûler ou à enterrer ; le tout est
construit en granit et en briques. Je traverse le cimetière : ces tombes avec leur ceinture en fer, sous les
rayons d'un gai soleil, font un effet admirable. Saintes
et La Rochelle tiendraient dans ce cimetière. Le cimetière catholique attenant à l'ouest est encore plus vaste,
les tombes sont plus agglomérées; il a aussi son charnier
car pendant la neige on ne peut enterrer sur cette
« *Côte des Neiges* ». Entre les carrés de tombes, il y
a des vides assez étendus ; les allées sont sans symétrie ;
les lignes droites et les angles sont inconnus ; il est
moins ombreux que le cimetière protestant. Dans ces
lieux paisibles, on pense aux chers disparus, aussi aux
vivants que l'on aime et à la vie future de soi-même.

Je suis monté ensuite au sommet du *Mont Royal*, au
point d'observation : c'est ravissant et grandiose. L'œil
plonge de tous les côtés sur un horizon sans bornes :
à l'ouest et au nord, tout le Canada ; au nord-est, tout
en bas, les cimetières ; peu à droite la ville de Montréal
avec ses flèches d'églises, ses ponts de bois et son fleuve
presque tout dégelé ; au sud les grands lacs Ontario,

Huron, Erié, etc..., formant des nappes d'argent, et plus loin les collines des Etats-Unis brillantes sous les chauds rayons du soleil qui fond la neige et la transforme en eau tombant en cascades à reflets argentins. Je fais comme les enfants : je quitte les sentiers battus pour passer sur l'herbe sèche : c'est un tapis mœlleux et le vent frais du sud-ouest vient caresser ma figure en nage. Et je pense à qui ?... Il est cinq heures ; je vais redescendre du côté opposé. Tout d'un coup, j'entends un gamin siffler l'air de la Marseillaise. Quelle surprise agréable dans le milieu de ce bois ! En contournant la côte, je croise de nombreuses voitures gravissant le mont, emportant de belles Canadiennes ou Anglaises aux riches toilettes : robes 7 à 800 francs ; chapeau 100 à 200 francs, et quel jargonnage ! J'estime à 3.000 les personnes rencontrées en descendant, exactement 382 voitures et quelques cavaliers et cavalières. Ce mont deviendra pour Montréal ce qu'est le Bois de Boulogne pour Paris : le rendez-vous des promeneurs. Je suis enchanté de cette promenade ; c'est une des plus belles de ma vie.

Le même jour, un éboulis ou avalanche de terre glaise, provenant de l'effondrement d'une montagne, a détruit une partie du village français de *Norte-Dame de la Salette*. 30 personnes ont péri. Des oreillers, des paillasses éventrées étaient éparpillés par ci, par là, jusqu'à 10 arpents de la grève. Les cadavres non retrouvés doivent être ensevelis sous la masse de glaise qui s'est abattue dans le lit de la *Lièvre* dont l'eau est montée jusqu'à 100 pieds. Cet effondrement est dû à la fonte des neiges et au débordement de la rivière. 20 maisons sont ensevelies sous l'avalanche, sur une trentaine que comptait ce lieu.

. . . .

Le 2 mai, un jeune homme est venu demander devant moi à Mlle Bailly une chambre à louer et a exprimé le désir de pouvoir y recevoir ses amis. — Oui, si ce ne sont pas des femmes. — Ah ! ben ! je voulais

amener mon amante, mais elle ne vous fera pas déshon-
neur, elle est chic !... Mlle Bailly n'a pas voulu. A
l'église, on se donne rendez-vous pour se voir, on se
parle en sortant, etc... un jeune homme se poste avec
une lorgnette à une certaine distance de la maison de
celle qu'il poursuit et il reste des heures à l'examiner...
Quelles mœurs ! Quelles habitudes ! Religion et débauche unies. Il y a des maisons de prostitution, bien
que cela ne soit pas permis par la loi, mais on le
tolère et lorsque la ville a besoin d'argent, un échevin
demande aux policemen s'ils ne connaissent pas une
râfle à faire. — Oh ! si ! — Alors ils vont dans ces
maisons et arrêtent tous ceux qui s'y touvent : hommes
et femmes sont condamnés à 50, 60, 80, 100 dollars ;
ils paient et la vie suit sa marche ordinaire ; le clergé
s'oppose à la trop grande surveillance de ces affaires
de mœurs qui sont un produit pour la cité.

Dans ce pays, les enfants ont vite perdu l'autorité
paternelle ; de bonne heure ils font à leur guise et les
parents ne s'en occupent plus.

Les Canadiens ne fêtent pas la Toussaint ,ni le lendemain ; mais en échange l'Ascension est une grande
fête.

Un homme n'a pas à parler à une femme dans la rue,
car si cette dernière se plaint à la cour, l'homme est
arrêté pour insulte et mis en prison : dans ce cas la
femme a toujours raison. Drôle de population en retard
de deux siècles !

Le soir, à six heures, les rues sont pleines d'ouvriers
des deux sexes se rendant à leurs pensions. Après le
dîner on se promène dans les rues jusqu'à minuit, une
heure ; on mange des gâteaux mal faits, on va dans
les bars boire de l'alcool de mauvaise qualité ; tous les
jours, j'ai vu des hommes ivres ressemblant à des
bêtes hideuses : l'ivrogne ici est plus laid qu'en France ;
il y a des goîtreux, des dartreux, des eczémateux.

Si la main d'œuvre est payée plus cher, tout y est
relatif et un jeune nomme seul aura de la peine à
Montréal de faire des économies ; un ménage vivant à
la française y arriverait.

Ce sont les Chinois qui lavent, les femmes s'abstiennent de ce travail.

Le dimanche, 3, il fait beau. Je vais au port. J'y ai vu trois gros navires : *Saint-Irénée* de Montréal, arrivé de Québec — *Ottawa*, — *Dominion*, — et beaucoup de vapeurs de moindre importance. Le fleuve ne charrie plus de glace, quelle différence en 15 jours ! Je suis resté deux heures sur les quais ; j'ai remarqué des ouvriers au travail, une machine à faire le mortier composé de ciment, de terre et de pierre moulue par une machine à vapeur.

Dans les rues, peu de monde par rapport à hier : les uns sont encore couchés, les autres aux offices.

A 11 heures, je suis entré au temple des *Méthodistes anglais*, rue Sainte-Catherine, monument grandiose qui, du dehors, a l'aspect d'une église avec ses deux flèches, ses vitraux, son style ogival. A l'intérieur, des bancs, des murs peints, des gradins en amphithéâtre dans les tribunes ; au chœur, une estrade où se tiennent 5 ministre en robe noire avec ornement différent de couleur, sans doute pour montrer le grade ; derrière eux l'orgue et une quarantaine de chanteurs, messieurs et dames. La musique fut fort harmonieuse, l'organiste est un artiste, 'es chanteurs aussi ; une demoiselle a chanté seule : c'était ravissant. Les 5 ministres ont fait chacun un sermon en anglais et chanté des hymnes, donné la bénédiction et terminé par le mot latin *amen*. Une quête a été faite et le public s'est retiré : plus de 2.000 perosnnes. Pendant l'office, l'ordre le plus parfait régnait, on aurait entendu bourdonner une mouche. J'étais étonné de ce spectacle. Un voisin m'a procuré un livre et montré les hymnes chantés.

Le tantôt, je suis allé au *Parc Shomer Park*, rue Notre-Dame : 4.000 personnes au moins, entrée 10 sous. Programme : musique, chants et danses de fillettes ; grande nouveauté, tours extraordinaires, célèbres équilibristes qui ont fait des exercices merveilleux d'adresse, d'agilité, d'assurance ; chansons comiques par un Français qui a été désopilant, bicyclistes extraordinaires sur fil de fer, vues animées du kinétographe. Pendant l'intermission, je me suis promené dans la cour sur le bord du Saint-Laurent, j'ai vu arriver un grand navire anglais.

En ville, j'ai vu le Collège du *Mont Saint-Louis*, tenu par les frères des écoles chrétiennes ; c'est un établissement superbe où tous les exercices de sport sont en honneur. Au haut flottaient le drapeau français, le drapeau anglais et le drapeau canadien : croix blanche coupant un carré bleu ; au milieu de la croix un sacré cœur, dans les 4 angles du bleu un fleur de lys (en l'honneur de la fête du Bon-Pasteur).

Montréal a une milice ou garde nationale formée des *Grenadiers du prince de Galles, ou 5ᵉ Ecossais du Mont-Royal*, du 65° ou régiment canadien ; ces hommes jouent simplement aux soldats, c'est pour la parade ; cependant, en cas de trouble dans la ville, ils viendraient aider la police ; la ville a un lieutenant-colonel ou chef ; à Ottawa, il y a un *ministre* sous les ordres du *Gouverneur*, lequel envoie parfois pour inspection ou revue un de ses aides de camp.

Le 5, à 8 heures, j'ai fait visite à M. de la Casinière, un Français immigré, licencié en droit, d'une grande affabilité, qui m'a fort bien reçu : il est directeur d'une Compagnie d'assurance.

Le 6, j'ai fait 70 lettres à des Canadiens pour l'album du tricentenaire de la fondation de la ville de Québec et le docteur m'a donné de nouveaux médicaments et engagé de nouveau à ne pas retourner en France... c'est inutile, je n'attendrai par la fin de mon congé pour revenir.....

J'ai rencontré des *Noirs* de toute beauté. J'ai salué une jolie négresse : belle taille, belle femme ; elle m'a répondu par un graciux sourire. Contraste : les noires recherchent généralement les vêtements à couleurs claires. Les *Peaux-Rouges* deviennent rares. On mange ici étonnamment de pommes, de terre préparées à toutes les sauces.

Le 7, je suis dans le quartier des Chinois ; ils lavent le linge et le repassent et leur travail est d'un goût fini. Ils n'ont pas de femmes ici. Les Chinoises rencontrées comme curiosités ont le pied court parce qu'à leur naissance on leur met un fer pour empêcher le pied de se développer, c'est la torture. Les Chinois ont les cheveux longs d'environ 50 centimètres ; ils les mettent en tresses nouées sur la tête ; ils leur attachent des lacets de souliers pour que leurs tresses soient plus longues afin que *Confucius* les emporte plus facilement au *Ciel* par la chevelure après leur mort. Ils ne marchent jamais de front mais à queue leu leu. Les Anglais cherchent à les convertir au protestantisme, très peu deviennent catholiques ; ils n'ont pas de pagode ici.

Par les tramways Ontario, Wellington, je me suis rendu au pont *Victoria*. Il est tout en bois et en fer ; le premier boulon a été posé en 1860 par le prince de Galles devenu le roi Edouard VII ; il était alors couvert ; en 1897, on le découvrit parce que plusieurs accidents étaient arrivés aux employés du chemin de fer qui s'étaient blessés en heurtant la voûte de leur chef. Il sert aux trains, ligne du milieu, aux voitures et aux piétons, voies gauche et droite séparées du milieu par des poteaux verticaux en fonte réunis par des plaques de zinc ; les deux côtés ont des gardes-corps ou parapets en fonte formés de barres obliques se coupant à claire-voie. Voitures et piétons paient un droit de péage ; j'ai donné 0 fr. 50, aller et retour. J'ai mieux vu l'île Sainte-Hélène et le fleuve Saint-Laurent ; l'eau coule avec rapidité formant des vagues rappelant le cours du Rhône ; au bout du pont, rive droite, il y a une petite cité appelée Saint-Lambert. Du milieu de ce pont, on a une vue magnifique sur le fleuve, sur le Mont-Royal, sur la ville. Lorsque le train passe, tout tremble ; il y a une trépidation qui rappelle le tangage et le roulis. Les péagers ne parlent qu'anglais. Ce pont mesure 2.990 mètres sur le fleuve, p'us 200 mètres à chaque bout sur la rive ; il a 30 mètres de large et de 50 à 60 mètres au-dessus le niveau de l'eau, je ne peux préciser cette dernière mesure. Il pleut, je prends mes notes sous un parapluie.

Au bord du fleuve, j'ai admiré des pêcheurs à la ligne qui prennent des poissons ressemblant aux chevennes de chez nous, mais pesant de 3 à 4 livres. La ligne est faite d'une ficelle au bout de laquelle il y a un plomb qu'ils lancent à l'eau ; à la corde sont fixés 5 ou 6 hameçons avec l'amorce. Avec ces hommes, je n'ai pu comprendre un mot de leur conversation : c'est ma première déception de ce genre.

M. de Loynes, consul général, arrivant à Montréal, a inauguré ses fonctions par la remise du diplôme d'officier d'académie à 3 membres de la colonie française qui, à divers titres, ont rendu de grands services aux Français et aux intérêts français au Canada : MM. Hirtz, pharmacien de grande valeur, un Alsacien ; Michel Helbronner, architecte ; A. F. Revol, directeur de l'importante maison Perrin, depuis 4 ans secrétaire de la *Chambre de commerce française de Montréal*. Il a, à ce titre, rempli des missions et fait des travaux justifiant hautement la récompense honorifique qui vient de lui être accordée.

Le 8 mai, il a plu toute la nuit ; ce matin, il y a accalmie. Je n'ai pu dormir hanté par une pensée qui ne m'abandonne plus... Je suis tout en nage ; je me lève à huit heures. Je suis allé à la Chambre de commerce ; ensuite je suis allé féliciter M. Revol, dont je garde le meilleur souvenir pour la sympathie qu'il m'a témoignée. Le soir, je pars à la campagne, côté nord de la ville. J'ai remarqué un établissement de sourds-muets annexé au couvent de la Providence tenu par des religieuses habillées en noir.. La façade porte :

Couvent de la Providence. Ville Saint-Louis

Cette ville est jointe à Montréal depuis quelques années.

A côté du couvent, il y a une chapelle avec jolie façade portant ces mots :

Aime ton Dieu

Crois en Dieu.   *Espère en Dieu.*
Religion   *Patrie.*
1858.   1903.

Gloire à Dieu dans les cieux et paix sur la terre aux hommes de bonne volonté.

L'intérieur de la chapelle est simple ; devant, il y a un petit square avec du gazon coupé d'allées et des bancs.

Dans les écoles, les élèves entrent à neuf heures, sortent à midi ; les Canadiens ont congé le jeudi ; les Anglais le samedi ; Les vacances ouvrent au 20 juin pour jusqu'au premier septembre ; l'enseignement religieux domine.

Le soir, j'ai assisté au *Monument National* à une conférence publique faite par 5 orateurs sur « *Les droits de la langue française dans la province de Québec.* »

M. Beaupré, président de *l'Association de la jeunesse catholique canadienne française* a pris le premier la parole. Il a rappelé que les pétitions faites en faveur de l'obligation de la langue française ont recueilli dans la province de Québec 300.000 signatures. La résolution suivante a été votée : Que le gouvernement oblige toutes les Compagnies de chemins de fer, de téléphone, etc... à faire usage de la langue française avec le public et qu'une peine soit attachée au manquement à cette loi. M. Lavergne, député, a pris ensuite la parole. Il a dit : J'ai présenté moi-même à Ottawa le projet de loi tendant à obliger les Compagnies et les services publics à faire usage de la langue française. L'article 133 de la Constitution dit que l'usage des deux langues, anglaise et française, sera de rigueur et que les actes du gouvernement devront être imprimés dans les deux langues.

L'Anglais, dit-il, est une race noble et forte et il

respecte le Canadien français qui se respecte lui-même. Nous demandons le libre exercice de nos droits et il trouve cela fort juste. M. Verville, député, dit alors quelques mots au nom des ouvriers et la parole fut à M. Bourassa. Il dit, en parlant d'une objection faite, que les Canadiens n'avaient pas de gros capitaux dans les grandes compagnies : Il y avait des Iroquois, des bêtes sauvages et de gros troncs d'arbres sur ce continent avant que la locomotive anglo-saxonne le traversât et que les capitaux anglais vinssent s'y accroître, et ceux qui ont refoulé les Iroquois et les bêtes sauvages, qui ont abattu les arbres, sont nos ancêtres... Ce que l'on veut, c'est imposer aux campagnies de chemins de fer l'obligation d'employer les langues française et anglaise dans toutes leurs communications avec le public de la province de Québec.

La requête en question semble affirmer que les dites compagnies ont été officiellement priées de se servir des deux langues en cette province qui est aux trois quarts française, et qu'elles ont refusé obstinément de se rendre aux désirs de la majorité.

Le plus riche et le plus rapide des navires du gouvernement canadien vient, — le 7, à 9 heures du soir, — en collision à Québec, avec le steamer « *Milvankee* » de la Compagnie du Pacific Canadien et subit des dommages qui se chiffreront au moins dans les 100.000 dollars. Ce n'est que grâce au sang-froid et à l'habileté du capitaine Bélanger que le fameux brise-glace n'est pas aujourd'hui une perte totale : c'est le « *Montcalm* ». Il a été éventré ; il a, en effet, à une douzaine de mètres de la proue, une plaie béante de 4 mètres sur 2 mètres. Le capitaine Bélanger a réussi à l'amener jusqu'au hâvre *Hackett* à *La Pointe à Carey* où il git maintenant sous l'eau. La distance entre l'accident et le hâvre s'est accomplie en peu de temps, un peu plus d'un mille (2 kilomètres environ). Il fut complètement submergé à marée basse. Aucun des membres de l'équipage, au nombre 67, n'a été blessé. Le *Montcalm* est couché sur le flanc gauche. Il vaut 400.000 dollars. Sa blessure a la forme d'un V. Le *Milwankee* de la Compagnie du

C. P. R., capitaine *Troop*, arrivait de Londres vie Anvers, en route pour Montréal. C'est le peu de rapidité qu'avait le *Milwankee*, dans le temps, qui a empêché une catastrophe terrifiante. Ce dernier a continué sa route. Les divers signaux ont dû ne pas être aperçus.

Le dimanche 10 mai, il fait froid, le vent souffle du nord, le ciel est gris. A 8 heures, je suis allé à la messe, à l'église Saint-Louis de France, dans la chapelle basse que je peux appeler la crypte. A l'entrée, deux hommes font payer 5 sous. Murs nus, bancs pour tous. Fleurs naturelles et plantes vertes aux fenêtres. Autel simple, deux statues de chaque côté. Officiant habillé comme en France. Le prédicateur a parlé de propreté dans l'église : bavardage, gâteaux, tabac, crachats. Il a vanté la qualité de l'exactitude et terminé en demandant de l'argent, des piastres, pour les dépenses de l'église. Il a l'accent canadien. Beaucoup de monde, des dames surtout qui aiment à babiller. De là, je suis allé chez le docteur qui m'a trouvé mieux, et en promenade au parc *Lafontaine* près l'école normale dirigée par des prêtres.

J'ai vu *Belle-Rive* sur les bords du fleuve Saint-Laurent. A 11 heures, je suis entré, rue Poupart, dans l'église chrétienne presbytérienne pour entendre la cérémonie : murs nus, bancs pour tous ; un pupitre, la Bible dessus, un harmonium, une femme qui le touche. Le ministre est âgé, barbe blanche, allure distinguée et respectable. Il dit la prière en français ; des cantiques sont chantés par l'assistance ; le pasteur commente les commandements de Dieu à Moïse. Il recommande d'être fidèle à la religion ; il appelle ses adeptes ses amis, parfois ses frères. Il raconte la vie de Joseph, ses qualités, ses misères ;il fait de justes comparaisons et invite ses auditeurs à ne pas oublier leur église. Il termine en disant : Prions et il appelle Dieu à bénir tout ce monde. C'est simple, mais cette simplicité a je ne sais quoi de touchant qui charme mon âme inquiète et meurtrie...

Il est de mode au Canada, dans les années bissextiles,

et seulement le 29 février, que les filles demandent les jeunes gens pour leurs maris.

Le soir, je suis allé visiter « *Eden Musée* ». C'est une source d'instruction de l'histoire du pays. Les personnages sont représentés en cire ; j'ai pris quelques notes sur ceux qui ont frappé mon esprit et interrogé le gardien :

1ʳᵒ vue. — *Découverte du Canada en 1535*. Jacques Cartier, habile navigateur de Saint-Malo, le capitaine Macé Jalabert, un matelot de l'équipage, un sauvage ; au fond du tableau, 3 navires commandés par l'illustre découvreur : *Grande-Hermine*, *Petite-Hermine* et *l'Emérillon*. Cartier, les yeux tournés vers le ciel, frappant de la pointe de son épée la terre qu'il vient de découvrir, en prend possession au nom de Dieu et du roi de France. Le capitaine Macé Jalabert arbore le drapeau fleurdelisé sur la terre du Canada. Le matelot regarde d'un air surpris le sauvage ; celui-ci, voyant pour la première fois des Européens est indécis. Doit-il se montrer ou se cacher à la vue de ces inconnus ?

2ᵉ vue. — En 1536, dans la salle du trône du palais de Fontainebleau, François Iᵉʳ est assis, à sa gauche un hallebardier portant sur son justaucorps l'emblème royal, une salamandre entourée de flammes, à sa droite un garde suisse. Jacques Cartier rend compte à Sa Majesté de la mission qui lui a été confiée ; il présente au roi des sauvages qu'il a ramenés, entre autres le grand chef *Donacona* qui se vante d'avoir beaucoup voyagé.

3ᵉ vue. — En octobre 1690, l'escadre anglaise, commandée par l'amiral *Phipps*, asasiège la ville de Québec défendue par Louis de Buade, comte de Frontenac, gouverneur de la Nouvelle-France, et ses vaillantes troupes. Fatigué de la résistance opiniâtre que les Français mettent à soutenir le siège, l'amiral Phipps envoie un parlementaire à Frontenac chargé d'un message rempli de menaces, lui demandant une réponse et lui donnant dix minutes pour la rédiger. Frontenac, calme et digne, dit à cet envoyé : « *Allez et dites à votre maître que je vais lui répondre par la bouche de mes canons, qu'il apprenne que ce n'est pas de la sorte qu'on fait sommer un homme comme moi.* » L'officier qui accompagne M. de Frontenac est M. de Varennes.

4ᵉ vue. — Alexandre de Prouville, marquis de Tracy, était lieutenant-général des armées avant d'être envoyé au Canada comme vice-roi ; il atteignit Québec au mois de juin 1665 ; il débarqua au milieu des acclamations de la population et monta la rue de l'église pour se rendre à la cathédrale. L'évêque vint le recevoir sur le parvis, à la tête de son clergé, et le conduisit auprès du chœur. L'évêque est Mgr *François de Laval*, allié à la grande famille des Montmorency de France, premier évêque de Québec et du Canada. M. le Marquis de Tracy est accompagné de M. le chevalier de Chaumont qui fut plus tard ambassadeur à Siam.

5° vue. — Ce tableau représente l'épisode de l'embarquement de La Salle, illustre explorateur, doué d'une énergie indomptable ; il part, plein de confiance, avec quelques Canadiens à l'esprit aventureux. Il désigne à Chouart des Groseilliers la route qu'il va parcourir. Il s'embarque sur un canot d'écorce au-dessus des rapides de *La Chine*, emportant avec lui provisions, armes et outils. La Salle atteignit, le 9 avril 1682, l'embouchure du Mississipi et donna au pays qu'il découvrit le nom de Louisiane en l'honneur du roi Louis XIV. (René Robert, chevalier de La Salle, né à Rouen en 1643, arrivé au Canada en 1666, anobli par Louis XIV). Chouart des Groseilliers découvrit la baie d'Hudson en 1669.

6° vue. — Le général marquis de Montcalm, maréchal de camp, défenseur de Québec, avait déjà reçu sur le champ de bataille des plaines d'Abraham, deux blessures et ne continuait pas moins à faire tous ses efforts pour rallier ses troupes. Il se trouvait entre les *Buttes à Neveu* et la porte *Saint-Louis*, lorsqu'un nouveau coup de feu qui lui traversa les reins, le jeta mortellement blessé à bas de son cheval. Il fut emporté par les Grenadiers dans la ville, reçut tous les sacrements de l'église et rendit le dernier soupir le lendemain matin, 14 septembre 1769, à l'hospice des sœurs de Saint-Augustin : c'est la scène représentée. Le général est soutenu par une religieuse et rend le dernier soupir entre les bras du docteur Arnauld, son jeune médecin ; à droite le domestique du général qui peut à peine contenir ses larmes à la vue de son maître mourant.

7ᵃ vue. — C'est la fondation de Montréal en 1642 ; la scène se passe à Paris, dans la chamber de M. Olier, supérieur et fondateur de Saint-Sulpice. Au premier plan M. Olier, chef de la compagnie de Montréal, qui discute avec les principaux intéressés la fondation d'une ville au pied du *Mont Royal*, qu'on nomme *Ville-Marie*. M. de la Dauversière est le principal instigateur. Paul Chaumedey, sieur de la Maisonneuve, fondateur de Montréal, reçoit ses dernières instructions avant son départ pour le Canada. M. d'Ailleboust, lieutenant de Maisonneuve, fut nommé plus tard gouverneur des *Trois-Rivières*.

13ᵉ vue. — Ce tableau représente M. de Maisonneuve, fondateur de Montréal, défendant au péril de sa vie, le 30 mars 1644, la ville naissante constamment exposée à la barbarie des Iroquois. Voici ce qu'il répondit à M. de la Dauversière quand ce dernier lui proposa l'œuvre de la colonie de Montréal : « Je suis sans intérêt, dit-il, et j'ai assez de biens pour mon peu d'ambition. J'emploierai ma fortune et ma vie à notre entreprise, sans autre récompense que l'honneur de servir Dieu et mon Roi, dans les armes que j'ai toujours portées. »

. . . .

De là, je suis allé dans une riche église anglicane, l'église Saint-Georges ; derrière il y a une église presbytérienne anglaise.

J'ai vu le square *Dominion* : Au milieu, j'ai admiré le monument *Macdonald* reposant sur un socle en granit entouré de 6 piliers supportant un arc en pierres dominé par quatre lions et 7 statues en bronze. En face, à trente mètres, deux canons. De l'autre côté de la rue *Dorchester* un lion sur un piedestal en pierres avec ces mots :

1837   *A tribute*   *1897*

To her majesty Quen Victoria,
On revered and beloved Sovereign.

Plus loin un soldat cavalier avec son cheval sur un piédestal en granit avec ces mots :

Heroic	*to*	*of the*
Cavadi	*commemorate*	*in the*
South	*the*	*War*
and the	*devotion*	*their*
	ans. Who. Fell	
	African	
	Valour of	
	Comrades.	

Près de la cathédrale, la statue d un évêque sur un piédestal en granit avec ces mots : *A Mgr Ignace Bourget, 2e évêque de Montréal, archevêque de Martianopolis, 1799-1886. Le diocèse reconnaissant. 24 juin 1903. Charité. Religion. « Mes enfants, gardez le dépôt des traditions, souvenez-vous de mes labeurs. »* Ce groupe est dû au ciseau de L.-P. Hébert, sculpteur canadien.

Le haut de la façade de la cathédrale porte les statues de Jésus-Christ et de ses disciples.

A l'intérieur sont gravés en lettres d'or sur du marbre les noms des Canadiens engagés volontairement pour la défense du Saint-Siège (zouaves pontificaux) en 1868-1869.

J'ai rencontré beaucoup de petites communiantes : robes blanches courtes, à peine aux genoux, bas noirs, tête dépourvue de chapeau, un ruban attaché aux cheveux et un grand voile couvrant toute la tête devant et derrière.

Des Français ont ici des enfants baptisés, d'autres qui ne le sont pas ; quelques-uns ont fait leur première communion, d'autres non : les parents suivent leurs intérêt d'après les milieux où ils se trouvent.

Le lundi 11 mai, je me lève après une nuit sans sommeil. Je sors et, place d'armes, j'admire un monument élevé à de Maisonneuve. Il tient une épée et le drapeau. A ses pieds sont quatre statues : Glosse, Le Moyne, un Iroquois et Jeanne Mance.

Paroles du père Vimond, dans un sermon, lors de la première messe à Montréal, après la conquête : « *Vous êtes le grain de senevé qui croîtra et multipliera et se répandra dans tout le pays.* »

Sur une autre face du socle, on lit ces mots de Maisonneuve : « *Il est de mon honneur d'accomplir ma mission, tous les arbres de l'île de Montréal devraient-ils se changer en Iroquois.* »

Jeanne Mance était une Française venue au Canada en même temps que Maisonneuve ; elle a fondé le couvent appelé *Hôtel-Dieu*.

A l'attaque de Québec, en décembre 1775, sont morts de blessures le général de Montgomery et le général Wolf. J'ai vu des tableaux de peinture ce matin, au *château de Ramzay*, rappelant ces tristes épisodes.

J'ai vu M. Léger ; il cherche à m'engager dans une affaire qui me paraît douteuse.

Je suis allé remercier M. le Directeur du *Bureau d'accueil, la Supérieure* de l'hôpital qui m'a appris au cours de la conversation que le marquis *Philippe de Rigonnet de Vaudreuil* fut le premier gouverneur général de la Nouvelle-France de ce nom.

Le mardi 12, je dis au docteur : je pars... — Vous êtes fou....

J'ai retiré mon argent de la Banque, j'ai fait établir un chèque sur le *Crédit Lyonnais*. J'ai pris mon billet pour Paris. J'ai donné au bureau d'immigration quatre dollars qui me seront remis à bord de *La Lorraine* en présentant un billet au commissaire du bateau. Demain, à la gare Windsor, un agent du dit bureau me remettra un bulletin sanitaire pour pouvoir entrer aux Etats-Unis.

J'ai transformé mon argent canadien en argent américain.

Montréal compte des frères maçons ; leur loge située rue Saint-Denis s'appelle « *Les Cœurs Unis* », quelques rares Canadiens en font partie.

Le mercredi 13 mai, je pars à 8 h. 50 ; le temps est clair, le soleil chaud, l'air pur ; l'opposé de hier.

Je traverse le Saint-Laurent, le lac Saint-Jean, la campagne est verte, la terre est parfois couverte de nappes d'eau. Le *char* est long, banquettes à deux places, couloir au milieu ; le conducteur crie le nom de la gare à l'intérieur, et toujours en Anglais... Nous filons vite. A 10 h. 30, j'arrive aux Etats-Unis, un inspecteur des douanes me fait ouvrir ma valise, avant *Noyan*. J'ai vu et suis passé au milieu du lac *Champlain*. J'ai admiré un pays superbe entre *Troy* et *New-York*. Le train suit la rive gauche du fleuve, le *Luthson*, sillonné par de petits vapeurs ; le train passe parfois sur des ponts avec de l'eau dessous ; à droite et à gauche des collines couvertes de bois offrent à ma vue dés panoramas enchanteurs. Aux Etats-Unis, la terre semble cultivée avec soin ; la végétation est plus avancée qu'au Canada. Le train arrive à New-York è 8 h. 14. Trouver un hôtel n'a pas été facile. Quel mouvement ! Des trains sous terre, des trains suspendus ; des rues dessous couvertes de monde qui ne parle qu'anglais. 40.000 ouvriers sont ici sans travail.

Localités traversées dont j'ai retenu les noms : Noyan, Burlington, Rutland, Bennington, Boston, Worader, Providence, Troy, Albany, New-York.

New-York a des maisons de 25 étages en grand nombre et quelques-unes de 45.

Le 14, j'arrive à l'embarcadère ; je prends mon ticket de bord...

Je suis monté sur la *Lorraine* à 10 heures, un des derniers. Nous partons à 10 h. 30. Un navire anglais et un navire allemand sont à un mille devant nous ; nous devons les dépasser. En même temps part le *Hamburg*, navire allemand : 4 transaltlantiques à la fois, 5 autres arrivent. Nous marchons entre 450 et 480 milles par jour.

Le 16, nous avons croisé le *Lusitania* et la *Touraine*. *La Lorraine* porte 150 passagers de 1re classe, 140 de 2e, 410 de 3e et 150 personnes forment l'équipage. Elle mesure 179 m. 60 de long. J'ai vu des poissons volants venir tomber jusque sur le pont. Il y a beaucoup d'allemands parmi les passagers. Ce bateau fait le service depuis 14 ans.

Le dimanche 17, le vent est très froid, la mer houleuse ; les vagues déferlent au large à une hauteur de 25 à 30 mètres. La poupe et la proue s'élèvent et s'abaissent d'autant ; personne sur le pont ; j'en profite pour m'y promener à l'aise, car moi je ne connais pas le mal de mer : c'est ravissant, surtout le soir, sous le ciel étoilé.

Le 18, la mer est aussi agitée, mais il ne fait plus froid. Le tantôt, la mer est clame, le soleil brille, c'est la plus belle journée depuis le départ. Nous avons fait aujourd'hui 467 milles.

Le 19, la mer est calme, le soleil brille, la traversée sera excellente ; nous avons croisé un navire allemand, un vapeur hollandais et un paquebot anglais.

J'ai joué à la *Manille* avec deux Français de Sens et un autre de Montpellier. Notre *Lorraine* avance vite : 459 milles ce jour.

Le mercredi 20, le temps est pur, la mer calme, le soleil radieux ; à 10 heures, nous apercevons 14 bateaux

de pêche anglais manœuvrer à quelques milles de nous.
A 7 h. 30, nous entrons dans la Manche ; j'ai remarqué
le phare anglais.

Le 21, je suis levé à 4 h. 30, le vent est froid, le
temps couvert. A 10 heures, un vapeur, le *Titan*, est
venu chercher la poste. A notre arrivée, sortait le
Michigan, navire anglais. Nous sommes restés en rade
pour attendre la marée haute.

La ville du Havre est bâtie sur une colline en amphithéâtre ; avec la pointe de la Hève, cela forme un site
agréable.

Nous sommes débarqués à une heure. J'ai vu au
port : le *Columbia*, le *Saint-Brieuc*, la *Provence*, le
Chicago, le *Norderney* et d'autres.

Une fois la douane passée, nous sommes montés dans
le train qui est parti sur les deux heures.

C'est étonnant le nombre de femmes et d'enfants
qu'il y a, autour du train, à mendier : *un sol signor ;*
si on ne donne pas, on est appelé : vieux chameau.

Il y a 6 heures de différence entre l'heure de New-
York et celle du Havre ; lorsqu'il est minuit au Havre,
il est six heures du soir à New-York.

En route pour Paris et Vive la France !